Etudes forestières
(2e étude)

De l'exploitabilité et de la possibilité

par
C. de Kirwan
Inspecteur des Forêts

1888

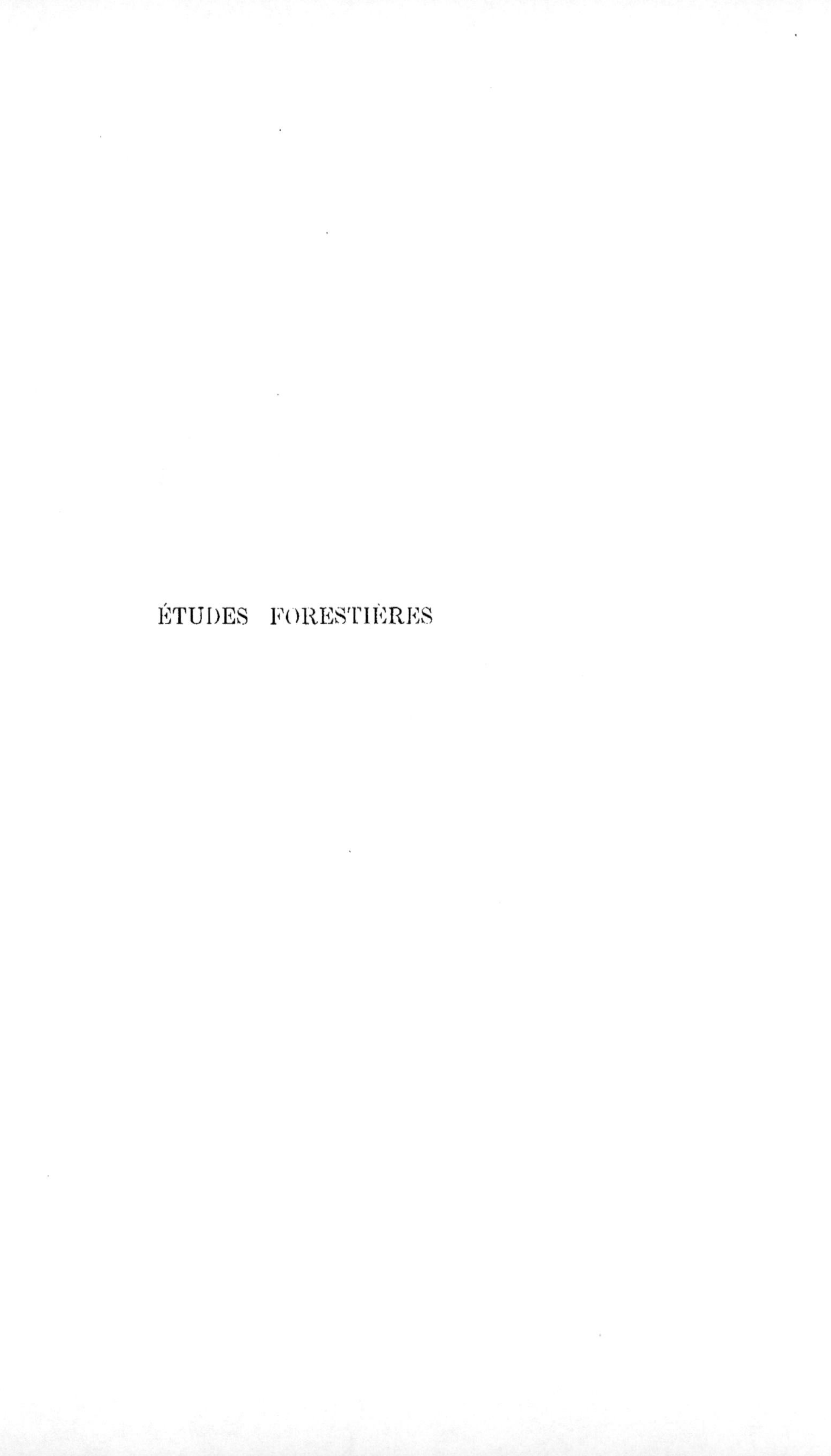

ÉTUDES FORESTIÈRES

ÉTUDES FORESTIÈRES

DE L'EXPLOITABILITÉ

ET

DE LA POSSIBILITÉ

PAR

C. de KIRWAN
inspecteur des forêts

Extrait de la *Revue des questions scientifiques.*

BRUXELLES
IMPRIMERIE POLLEUNIS, CEUTERICK ET LEFÉBURE
35, rue des Ursulines, 35

1888

ÉTUDES FORESTIÈRES

DE L'EXPLOITABILITÉ

ET DE LA POSSIBILITÉ

LES TAILLIS SOUS FUTAIE

I

DÉFINITIONS

Les différentes méthodes que l'on peut adopter pour le traitement régulier d'une forêt se ramènent toutes à deux types essentiels : la *futaie* et le *taillis*. Nous avons vu (1) que la caractéristique de ces deux types doit être cherchée dans le mode de *régénération*, autrement dit de reproduction de la forêt après chaque exploitation de coupe principale. On dit qu'elle est exploitée *en taillis* quand elle se régénère surtout par les rejets des souches, *en futaie* quand elle se reproduit par les semences tombées des arbres, aidées au besoin par quelques plantations de main d'homme, mais sans que les rejets des souches aient à

(1) Livraison d'octobre 1887, pp. 409 et 413.

remplir dans la régénération un rôle appréciable. Comme les arbres forestiers ne donnent généralement des graines fertiles que parvenus à un âge relativement avancé et à des dimensions à peu près normales, il s'ensuit que les expressions de « futaie », « forêt ou peuplement de futaie », emportent généralement l'idée de massifs d'arbres de haute venue; et, par extension, le mot « futaie » s'emploie quelquefois, même dans le langage technique, pour désigner individuellement un arbre de grande dimension.

L'on peut combiner les deux modes d'exploitation, et l'on arrive alors à un régime intermédiaire qui tient de l'un et de l'autre et que, par opposition au taillis proprement dit, appelé ordinairement *taillis simple*, l'on appelle *taillis composé* ou, mieux encore : *taillis sous futaie*.

A une époque où l'on était engoué, peut-être un peu plus que de raison, du régime de la futaie pure et d'un mode particulier de l'application de ce régime, le traitement en taillis composé ou sous futaie était considéré par un grand nombre de forestiers comme un mode bâtard, vicieux, condamnable au point de vue des bonnes conditions de la croissance et de la végétation (1), et que, seules, légitimaient plus ou moins certaines considérations économiques spéciales. On est bien revenu aujourd'hui de cette appréciation extrême. Sans vouloir établir aucune de ces généralisations théoriques et absolues qui, dans les matières reposant sur les sciences d'observation, ne sont de mise nulle part, et en sylviculture moins que partout ailleurs, — on peut dire cependant que le traitement des forêts en taillis composé, culturalement préférable au régime du taillis simple presque toujours, est, dans certains cas, supérieur, culturalement et économiquement, même au régime de la futaie pure. Le moment

(1) Voir, entre autres auteurs, Frochot, inspecteur des forêts : *Traité de sylviculture générale*, pp. 118, 129, 130. Paris, Eugène Lacroix.

n'est pas encore venu toutefois de faire ressortir cette vérité. Il faut, auparavant, avoir examiné chacun des différents régimes culturaux et leurs modes particuliers d'application. Occupons-nous quant à présent de décrire le plus exactement possible le taillis composé, d'étudier la détermination de son exploitabilité et de sa possibilité, les modes d'aménagement à lui appliquer suivant le but que le propriétaire se propose d'atteindre et suivant les circonstances locales.

II

CONVERSION D'UN TAILLIS SIMPLE EN TAILLIS COMPOSÉ. DESCRIPTION D'UN TYPE DE TAILLIS COMPOSÉ.

Imaginons, pour fixer les idées, un petit massif forestier de 60 hectares, régulièrement aménagé en taillis simple à une révolution de 30 ans, et qu'il s'agirait de convertir en taillis composé. Notre bois est partagé en trente coupes de deux hectares chacune. Nous le supposons situé dans un pays de plaine ondulée, assis sur un sol de qualité moyenne et peuplé pour 5/10 de chêne, pour 2/10 de charme et de hêtre, pour les derniers 3/10 d'essences diverses telles que frêne, orme, érables, bouleau, alizier, etc. Admettons encore que ce bois a été aménagé conformément aux saines traditions : les coupes, d'égale contenance, s'y suivent de proche en proche dans la direction du nord au sud; des *laies* ou lignes de division, sur lesquelles elles s'appuient et qui servent en même temps de chemins d'exploitation, ont permis de leur donner des formes assez régulières et d'en diriger les produits sans jamais traverser le parterre de celles qui ont été précédemment exploitées.

Pour mieux suivre la marche de la conversion de notre taillis simple en taillis composé, faisons abstraction, par la pensée, de la durée ordinaire de la vie humaine et supposons-nous doués de la longévité des patriarches antédiluviens; ou mieux, — cela revient d'ailleurs au même, — représentons-nous ce qui aurait été fait par une succession de forestiers s'étant tous proposé le même but et ayant agi d'après les données d'un plan préexistant.

Nous sommes en 1751. La coupe n° 30 s'exploite sur l'exercice 1750. Il s'agit, à partir de la coupe n° 1, âgée de 30 ans et revenant en tour d'exploitation sur l'exercice 1751, de commencer la conversion. Au-dessus d'un peuplement de rejets de souches complet, serré et bien venant, nous trouvons une réserve de 200 brins de deux âges, conservés lors de l'exploitation précédente, 30 ans auparavant. Il en avait été maintenu sur pied quelques-uns de plus; mais, avec les jeunes sujets, il faut toujours faire la part des accidents, arbres brisés ou renversés par les vents ou le poids du givre, ou bien coupés et enlevés par des délinquants, etc. Ces 200 brins avaient été réservés sous le nom de *baliveaux*, ayant le même âge que le taillis exploité : ceux d'entre eux que nous conserverons, pour leur faire parcourir encore une ou plusieurs révolutions subséquentes et en vue de préparer la *futaie sur taillis*, prendront désormais le nom de *modernes*, ce terme signifiant, en sylviculture, un arbre réservé *de deux âges*, autrement dit ayant deux fois l'âge du taillis en exploitation. Ces modernes, de suite après la coupe précédente, 30 ans auparavant et alors qu'ils n'étaient encore que de simples baliveaux, ne portaient sur le sol qu'un *couvert* nul, n'empêchant d'aucun côté les rayons du soleil d'arriver à leur pied; tout au plus lui procuraient-ils quelque ombre à distance, aux heures de la journée où l'astre du jour n'est pas à l'apogée de sa course au-dessus de l'horizon. Mais, durant les 30 ans qui ont suivi, leur cime s'est élargie; comme le peuplement comprend des essences dont les unes ont un feuillage peu épais ou même léger, comme le chêne, le frêne, le bouleau, l'alizier, — et les autres, moins nombreuses, un feuillage plus touffu, comme le hêtre, le charme, l'orme et les érables, on peut admettre que nos modernes auront, l'un dans l'autre, des cimes dont le diamètre moyen mesurant de $3^m,55$ à $3^m,60$ portera sur le sol une projection orthogonale de 10 mètres carrés environ : par conséquent nos 100 modernes à l'hectare, si nous les laissons tous sur pied en abattant le taillis, fourniront au parterre de la coupe un couvert de 1000 mètres carrés. Mais nous devons admettre que les forestiers de 1751, voulant ménager la transition du régime du taillis simple à celui de la conversion en taillis composé, n'auront réservé que la moitié des arbres de 60 ans, soit 100 pour les 2 hectares, ou 50 modernes à l'hectare fournissant un couvert de 500 mètres carrés ou 5 ares. Ils auront réservé pareillement environ 120 baliveaux de l'âge à l'hectare, pour être sûrs de retrouver au moins cent modernes à la révolution suivante.

Ce que nous venons d'indiquer comme opération pratiquée en 1751 sur la coupe n° 1 le sera ou l'aura été identiquement de même en 1752 sur la coupe n° 2, en 1753 sur la coupe n° 3, et ainsi de suite jusqu'à la coupe n° 30 inclusivement, en 1780. En l'an de grâce 1781, nous retombons sur la coupe n° 1 dans laquelle il a été réservé, 30 ans auparavant, 50 modernes de 60 ans et plus de 100 baliveaux de 30 ans par hectare moyen. Mais nos modernes d'il y avait 30 ans sont parvenus à l'âge de 90 ans, représentant 3 révolutions du taillis : ce ne sont plus des modernes, mais bien des *anciens*, de même que nos baliveaux de la même époque sont devenus des modernes à leur tour.

Ces cinquante anciens à l'hectare représenteront déjà une valeur relativement assez grande, surtout s'ils ont été choisis parmi les essences les plus précieuses, telles que chêne, frêne, orme champêtre, etc. Il sera donc d'une bonne administration d'en abandonner un certain nombre à l'exploitation pour faire jouir déjà le propriétaire d'une partie du bénéfice de la conversion tout en continuant à ménager la transition entre le taillis simple et le taillis sous futaie normal. Nos forestiers de 1781 auront donc marqué en réserve, avant de laisser procéder à l'exploitation du taillis, 20 anciens, 50 modernes et 100 à 120 baliveaux par hectare, soit, pour les 2 hectares de la coupe annuelle, 40 anciens, 100 modernes et de 200 à 240 baliveaux de l'âge ; et cette opération aura été renouvelée 30 fois, de 1781 à 1810, sur toute la suite de nos 30 coupes. On peut évaluer le couvert de chacun de nos *anciens* de 90 ans à 20 mètres carrés. Nous aurons donc, par hectare moyen de chacune de nos 30 coupes, à la suite de l'exploitation de son taillis, un couvert de 900 mètres carrés ou 9 ares produit, pour 4 ares, par les 20 anciens et, pour 5 ares, par les 50 modernes.

Tel sera le couvert sur chaque coupe aussitôt après l'exploitation du taillis. Mais 30 ans plus tard, lorsque la coupe reviendra de nouveau en tour d'exploitation, les baliveaux seront devenus des modernes, les modernes des anciens, et les anciens... des *bisanciens* âgés de quatre fois la révolution du taillis, et par conséquent de cent vingt ans, puisque cette révolution est de 30 ans. Pour des chênes, cent vingt ans, c'est presque encore de la jeunesse. Nos bisanciens donneront alors un couvert qu'on peut évaluer moyennement à 30 mètres carrés par arbre, soit, pour 20 bisanciens à l'hectare, une surface de 600 mètres carrés ou 6 ares. En y ajoutant 10 ares pour les 50 anciens (modernes d'il y a 30 ans) et autant pour les 100 baliveaux devenus des modernes, nous arrivons à un couvert de 26 ares produit par la futaie sur le taillis ; c'est un peu plus du quart de l'étendue boisée ; et, pour un taillis s'exploitant à 30 ans et sur un sol de fertilité moyenne, un couvert de 26 p. 100 de la surface totale serait sensiblement trop fort s'il devait être maintenu. Mais nous sommes au bout de la révolution, et notre n° 1, revenant en tour d'exploitation en 1811, va voir tomber 10 bisanciens, 30 anciens, 50 modernes : la coupe effectuée, il reste, en plus des 100 à 120 baliveaux de l'âge, 50 modernes, soit un couvert de 5 ares, 20 anciens couvrant 4 ares, 10 bisanciens couvrant 300 mètres carrés; ce qui fait, pour l'ensemble, un couvert de 1200 mètres carrés seulement à l'hectare. Il en sera de même pour chaque coupe jusques et y compris le n° 30 en 1840. Alors le n° 1, revenant en tour d'exploitation en 1841, aura, sur chaque hectare de taillis, une réserve ainsi composée : 10 *trisanciens* comptant cinq révolutions, soit 150 ans d'âge, 20 bisanciens de 120 ans, 50 anciens de 90 ans, environ 100 modernes ou arbres de deux âges. Nous sommes ici en plein taillis sous futaie; on peut même dire que nous y étions dès le début de la seconde révolution, alors que nous commencions à nous trouver en présence de réserves de trois âges. Seulement, comme nous considérons ici un massif forestier où domineraient les essences longévives, telles que chêne, hêtre, orme, frêne, nous préférons le conduire théoriquement jusqu'à la condition la plus parfaite que l'on puisse concevoir, afin d'arriver à nous représenter un type, un peu idéal sans doute, mais à l'aide duquel on puisse envisager tous les cas particuliers qui se peuvent présenter.

Nous voici donc, en 1841, en présence d'une coupe n° 1 à exploiter : au-dessus du taillis nous trouvons quatre catégories de réserves de deux à cinq âges, et nous réserverons comme précédemment, à l'hectare moyen, de 100 à 120 baliveaux. Quant à la futaie, une portion notable en devra être abattue, autant en vue de réaliser des produits exploitables que de décharger le sous-bois d'un couvert qui deviendrait bientôt trop étendu. En effet, nos 10 trisanciens aux cimes largement étalées couvriront, à raison de 40 mètres carrés l'un dans l'autre, 4 ares ; nos 20 bisanciens, 6 ares ; nos 50 anciens, 10 ares ; nos 100 modernes, 10 ares ; au total 3000 mètres carrés ou 30 ares, soit près du tiers de la superficie. Ces chiffres ne donnent même qu'un minimum ; car, pour peu que la végétation ne soit pas très vigoureuse, le fût des arbres de réserve ne se sera pas élevé au delà de la hauteur du taillis, et les cimes auront pu s'étaler plus encore que nous ne l'avons supposé. Nous abattrons donc sans pitié toutes celles de nos futaies sur taillis qui présenteraient le moindre signe de dépérissement, ou dont la cime, aplatie au sommet, indiquerait un simple arrêt de développement ; nous abandonnerons même celles qui, bienvenantes encore, constitueraient par leur maintien un peuplement trop serré au-dessus du sous-bois. Nous arrivons ainsi à faire tomber par hectare 5 trisanciens, 10 bisanciens, 30 anciens et 50 modernes ; et il nous restera, l'exploitation terminée : 5 trisanciens, 10 bisanciens, 20 anciens, et 50 modernes, plus les 120 baliveaux de l'âge, dont le couvert est tenu pour nul. Notre couvert, de 3000 mètres carrés avant la coupe, se trouve réduit à 1400 mètres carrés ou 14 ares.

Parcourons encore une révolution de 30 ans. Nous voici en 1871, et nous trouvons, au-dessus du taillis du n° 1, une réserve à l'hectare ainsi composée : 5 *vieilles écorces* de 180 ans (nos trisanciens de la révolution précédente, provenant eux-mêmes des baliveaux de l'âge réservés en 1691), 10 trisanciens, 20 bisanciens, 50 anciens et 100 modernes. Cette situation de la futaie sur taillis peut être représentée par le tableau suivant, où l'on voit que le couvert total de la futaie est de 32 ares 50 centiares.

RÉSERVES PAR CATÉGORIES D'AGES	NOMBRES DE RÉSERVES A L'HECTARE	COUVERT D'UN ARBRE	COUVERT TOTAL
Vieilles écorces, (180 ans)	5	50 m. q.	250 m. q.
Trisanciens, (150 ans)	10	40	400
Bisanciens, (120 ans)	20	30	600
Anciens, (90 ans)	50	20	1000
Modernes, (60 ans)	100	10	1000
Totaux	185	„	3250

Moyenne par arbre : 17 m², 57.

Tel est l'état définitif auquel nous a conduits la lente conversion d'un taillis qui était *simple* 150 ans auparavant ; qui, dès le commencement d'une seconde révolution, était déjà devenu un vrai taillis *composé*, puisque chaque coupe laissait sur pied un nombre suffisant de réserves de trois catégories ; mais qui, traité constamment en vue du maintien sur pied d'une bonne proportion d'arbres de haute venue, en est arrivé, au bout de 150 ans, à présenter, sur chaque hectare de bois régulièrement exploitable, un assemblage de près de 200 arbres de futaie de cinq catégories d'âges différents jusques et y compris celui de 180 ans, qui est, pour le chêne, un âge dépassant assez généralement sans doute l'époque du plus grand accroissement moyen, mais auquel il peut fréquemment atteindre sans présenter encore aucun symptôme de dépérissement.

Cependant, si favorables que soient les conditions où nous nous supposons placés, le couvert de près de 200 arbres, s'étendant sur plus de 32 p. 100 de la superficie exploitable, ne saurait être augmenté ni même maintenu. Aussi faudra-t-il se hâter de le restreindre. Notre coupe n° 1 revenant en tour d'exploitation en 1871, nous désignerions, par hectare moyen, pour tomber sous la cognée du bûcheron, les arbres dont voici le détail :

Vieilles écorces de 180 ans	5	
Trisanciens de 150 ans	5	
Bisanciens de 120 ans	10	
Anciens de 90 ans	25	
Modernes de 60 ans	50	
Total	95	arbres,

et nous marquerions tout le surplus des arbres de réserve, plus 100 à 120 baliveaux de l'âge du taillis. La même opération se continuant d'année en année sur chaque coupe parvenue, quant au sous-bois, à l'âge de 30 ans, nous aurions dans chacune d'elles, après l'exploitation, une futaie sur taillis dont l'état serait moyennement représenté, à l'hectare, par le tableau suivant :

RÉSERVES PAR CATÉGORIES D'AGES	NOMBRES DE RÉSERVES A L'HECTARE	COUVERT D'UN ARBRE	COUVERT TOTAL
Trisanciens, 151 ans (âge après l'abat. du taillis)	5	40 m. q.	200 m. q.
Bisanciens, (121 ans)	10	30	300
Anciens, (91 ans)	25	20	500
Modernes, (61 ans)	50	10	500
Baliveaux de l'âge	120	0	0
Totaux	210	»	1500

Moyenne par arbre (baliveaux non compris) : 16 m², 66.

Nous arrivons ainsi à restreindre le couvert à 15 p. 100 de la surface des coupes récemment exploitées ; et si, comme nous le supposons, toutes les réserves ont été espacées aussi régulièrement que possible, dans de telles conditions une participation très suffisante à l'air et à la lumière sera laissée aux rejets des souches destinées à reconstituer le sous-bois. La révolution au sein de laquelle nous nous trouvons placés, ayant commencé en 1871, ne doit finir qu'en 1900 ; nous sommes donc en pleine période contemporaine et pouvons, par conséquent, raisonner désormais sur le présent.... et sur l'avenir, mais en nous appuyant sur le présent, comme aussi sur les résultats que ce présent doit au passé. Car, en sylviculture aussi bien que dans l'ordre politique ou social, on ne saurait préparer un sain avenir qu'en se fondant sur les résultats et les progrès que le passé a légués au présent.

III

DE L'EXPLOITABILITÉ RELATIVE AU TAUX DE L'INTÉRÊT, OU EXPLOITABILITÉ COMMERCIALE, DANS LES TAILLIS COMPOSÉS.

A l'aide des données et des considérations qui précèdent, nous pouvons nous représenter aisément l'état d'un bois, d'une forêt, d'un massif boisé quelconque, normalement traité en taillis sous futaie. État un peu idéal, il faut bien le reconnaître ; car il est rare que les circonstances soient constamment assez favorables pour permettre d'arriver à une régularité aussi ponctuelle et aussi absolue. D'ailleurs les choses se simplifient beaucoup dans la pratique. Ainsi la distinction que nous avons établie entre anciens, bisanciens, trisanciens, etc. est toute théorique, et avait pour but d'aider à fixer les idées et à se représenter facilement une gradation normale dans l'âge des réserves. Pratiquement, l'on se borne aux trois premières catégories : brins de l'âge ou *baliveaux;* brins de deux âges ou *modernes;* brins de trois âges ET AU-DESSUS ou *anciens*, quel que soit d'ailleurs le nombre de révolutions qu'ils aient parcouru (1). Tout au plus désignera-t-on par la dénomination de *vieilles écorces* les plus vieux anciens ; mais encore cette dénomination est-elle rarement employée dans les opérations de balivage. De plus, comme il n'est pas toujours facile de reconnaître à simple vue l'âge réel d'un arbre, on déterminera le classement des réserves par le diamètre qui sera présumé correspondre à chaque âge. Ainsi, dans un taillis aménagé à 30 ares, comme dans

(1) Certains régisseurs de forêts particulières n'appliquent l'appellation de *modernes* qu'aux arbres âgés de trois révolutions, et dénomment *surtaillis* les brins de deux âges. La dénomination d'*anciens* ne s'applique alors aux vieilles réserves qu'à partir de quatre âges.

Ce mode d'appellation n'a sa raison d'être que dans les coupes de taillis à courte révolution.

notre exemple, on classerait comme *baliveaux* les brins d'un diamètre inférieur à $0^m,20$, tel que $0^m,15$ et $0^m,10$. Les brins de $0^m,20$, $0^m,25$, $0^m,30$ et $0^m,35$ de diamètre seraient classés comme *modernes;* et tous les arbres d'un diamètre plus élevé à partir de $0^m,40$ correspondant à une circonférence de $1^m,20$(1) seraient classés comme *anciens*, sans établir de catégories entre anciens de divers âges. Mais on comprend sans peine que, dans un taillis composé réglé depuis un siècle ou un siècle et demi par des balivages soigneusement faits, et où les arbres à réserver auront toujours été choisis de manière à les soumettre à un espacement aussi régulier que possible, l'on puisse trouver, au moment de l'exploitation de chaque coupe, une futaie sur taillis normalement composée, c'est-à-dire analogue à l'état de choses représenté par notre premier tableau, une gradation à peu près régulière existant entre les âges des différentes réserves, et leur nombre, dans chaque catégorie d'âge, étant en raison inverse de leurs dimensions.

Il faut reconnaître d'ailleurs que le cas sera assez peu fréquent où l'on aura chance de rencontrer des taillis composés offrant une régularité et une symétrie de peuplement aussi parfaite. Une moyenne de 200 réserves à l'hectare est également un chiffre un peu exceptionnel et qui suppose un ensemble de circonstances favorables

(1) Dans les opérations de *balivage et martelage*, c'est-à-dire de choix et de désignation des arbres tant à réserver qu'à abandonner à l'exploitation, l'on range ces derniers par catégories de grosseurs, soit de cinq en cinq centimètres si on les estime ou mesure au diamètre, soit de dix en dix (quelquefois de vingt en vingt, quand le fût des arbres est d'une grande régularité) si on les estime ou mesure à la circonférence. Pour cela, l'on force ou l'on atténue le chiffre obtenu, suivant qu'il se rapproche davantage de la catégorie de grosseur immédiatement supérieure ou inférieure. De plus l'on réduit, dans la pratique du cubage des arbres en grume et pour passer du diamètre à la circonférence, la valeur de π au nombre entier 3. Autrement dit, l'on admet que le diamètre des arbres est égal au tiers de leur circonférence, ce qui constitue, dans l'espèce, une approximation très suffisante, d'autant plus que la circonférence des arbres, même de ceux dont le fût est le plus régulier, n'est presque jamais circulaire.

assez rarement réunies. Nous aurons donc à envisager la question au point de vue de conditions moins avantageuses ; mais ces différentes considérations trouveront plus naturellement leur place dans la partie du présent travail qui sera consacrée à étudier l'*aménagement* des taillis composés. Pour le moment, il faut aborder les questions d'*exploitabilité* et de *possibilité* appliquées au régime qui fait l'objet de notre étude.

On sait que, considérée d'une manière générale, l'exploitabilité d'une forêt, d'un massif boisé quelconque, est l'âge auquel il convient de l'exploiter pour en obtenir le produit que l'on se propose d'en tirer. On sait également que, si ce produit cherché consiste dans la plus grande quantité possible de matière ligneuse, sans préoccupation de la nature des marchandises à réaliser, l'exploitabilité — qui est dite *absolue* — résulte de l'*âge du plus grand accroissement moyen* des arbres qui composent le massif ou la forêt. Cet âge est tel que, soit qu'on le devance soit qu'on le dépasse, l'on obtiendra un volume de bois moindre dans un temps donné. Quand il s'agit d'un taillis simple, où les arbres proprement dits, c'est-à-dire les brins ayant crû isolément au-dessus du taillis, ne représentent qu'une part insignifiante du revenu résultant de chaque coupe, mais où la presque totalité de ce revenu est fournie par les rejets des souches, il y a un autre élément à introduire dans la détermination de l'exploitabilité. C'est la considération de la longévité des souches, celles-ci cessant d'être productives passé un certain âge des arbres qu'elles portent.

Or, il est évident que cet élément doit se retrouver lorsqu'il s'agit de l'exploitabilité des taillis composés, et que, comme celle des taillis simples, elle doit être fixée en deçà de l'âge où ne seraient plus fécondes les souches de l'essence considérée, 40 ou 50 ans *au plus* pour les essences dures et à croissance lente, beaucoup moins pour les

essences demi-dures et les bois blancs. Mais il faut tenir compte en outre des futaies destinées à croître au-dessus du taillis, lesquelles ont pour rôle de fournir des bois d'œuvre et n'élèvent pas généralement leur *fût* — c'est-à-dire la portion de la tige située au-dessous de la cime — beaucoup plus haut que le taillis: celui-ci une fois abattu, les baliveaux réservés se bifurquent plus ou moins à la hauteur même, ou à peu près, à laquelle s'élevaient les brins de taillis qui les environnaient. La base de la cime est donc située sensiblement à ce point; et, si celle-ci monte encore, c'est sans allongement important du fût, qui ne se développe plus guère qu'en diamètre. Il importe donc de ne soumettre les taillis qu'à une révolution d'une durée suffisante pour permettre aux brins de l'âge qui seront réservés pour croître en futaie de donner à leur tige la hauteur sous branches désirable. L'âge de 25 ans devrait être, en général, l'âge minimum à adopter pour l'exploitabilité des taillis sous futaie. Cependant il peut arriver que, dans de très bons sols, on obtienne des résultats encore satisfaisants avec une révolution de vingt ans, parce qu'alors le taillis peut atteindre à cet âge une élévation de 6 à 8 mètres. Il faut noter aussi que, toutes autres choses égales, il ne serait pas possible d'établir, sur un taillis à courte révolution, une réserve aussi nombreuse que sur un taillis dont l'âge plus avancé aurait fait exhausser proportionnellement le couvert des arbres réservés : or, plus ce couvert s'étale à hauteur du sol et moins il gêne la croissance des taillis. La chose est facile à comprendre.

Considérons un arbre isolé dont la cime, à base supposée exactement circulaire, aurait un diamètre de 4 mètres, soit 2 mètres de chaque côté de la tige. Si cet arbre n'élève la base de sa cime qu'à cinq mètres au-dessus du sol, les rayons du soleil ne pourront parvenir à son pied qu'en s'écartant de la verticale d'un angle de 21° 48', soit 22° environ : tous les rayons tombant de cet astre sous un angle moindre seront arrêtés par la cime et ne parviendront qu'incomplètement sur la portion du sol couverte par la projection horizontale de cette cime. Supposons maintenant la même cime élevée, non plus de 5 mètres, mais bien de 10 mètres : les rayons solaires ne seront interceptés que jusqu'à 11° 19', soit approximativement 11°, et la surface de 12 à 13 mètres carrés (exactement 12,56) couverte par cette cime, sera éclairée pendant une bien plus grande partie de la journée : par conséquent la végétation du sous-bois sera d'autant moins gênée par le couvert de notre arbre. Mais, dans une coupe de taillis composé, qui est le cas que nous examinons, ce n'est pas précisément à des arbres isolés que nous avons affaire. Car si, par nature, les futaies *sur taillis* sont plus ou moins distantes les unes des autres et ne se touchent jamais, elles sont néanmoins peu éloignées; et quand le soleil n'est plus très haut sur l'horizon, la cime de celles qui reçoivent les premières ses rayons bienfaisants les intercepte dans une certaine mesure, au moins pour le pied des autres. Si ces cimes, par suite de leur rapprochement du sol, ne permettent l'accès de la lumière directe, en les supposant isolées, que sous un angle de 22°, il est facile de comprendre que, voisines les unes des autres, elles laisseront une bien faible part des rayons solaires arriver jusqu'au sol. Dès lors, le sous-bois, privé de cet élément indispensable à toute bonne végétation, s'étiolera et ira dépérissant. C'est ce phénomène que l'on désigne quand on dit qu'une réserve trop abondante *écrase* le taillis.

Dans notre exemple de tout à l'heure, nous avons supposé un taillis sous futaie normalement constitué, dans lequel la réserve, au moment de l'exploitation, comprendrait 185 arbres de deux à six âges par hectare moyen, et 210 brins et arbres de *un* à cinq âges après la coupe effectuée, soit moyennement deux cents réserves à l'hectare, environ. Dans le premier cas, le couvert de la futaie s'étendait sur 3250 mètres carrés, soit près d'un tiers de la surface, et sur 1500 mètres seulement dans le second.

Si l'on tient compte de la différence essentielle existant entre le *couvert* et l'*ombrage* (1) fournis par les arbres, le premier résultant de l'interception permanente ou à peu près des rayons du soleil par le feuillage, le second de l'ombre portée et changeant de place avec les changements de position du soleil lui-même, — on comprendra facilement que plus le couvert s'élève au-dessus du sol et plus il se rapproche des conditions du simple ombrage. De telle sorte que la même surface de couvert, régulièrement distribuée sur une étendue donnée, y produira un effet tout différent suivant qu'elle résultera de cimes élevées de 5 mètres seulement ou de 10 mètres au-dessus du sol. Dans le premier cas, occupant 3250 mètres carrés à l'hectare, elle écrasera le taillis qui se trouvera, dans toutes les directions, sevré d'une part importante des effluves lumineux nécessaires à son développement. Dans le second cas, les cimes portées à une hauteur double laisseront passer, bien que couvrant une même surface, une proportion de rayons solaires double de celle qui y pénétrait dans le premier.

Il résulte de ces dernières considérations que, lorsqu'il s'agit de déterminer l'exploitabilité d'un taillis sous futaie, il est nécessaire de tenir compte de l'influence du couvert des réserves sur le sous-bois ou, plus exactement, *de la hauteur* dudit couvert, laquelle est fonction de l'âge du taillis. Donc déjà, si l'on a l'intention de maintenir une réserve abondante au-dessus du taillis, il sera indispensable d'adopter pour celui-ci un âge d'exploitabilité relativement élevé.

D'autre part, si l'on se place au point de vue un peu étroit de l'exploitabilité *commerciale*, qui est celle où l'on se propose uniquement pour but le revenu en argent

(1) Cf *Revue* d'octobre 1887, pp. 427 et 428.

au taux le plus élevé par rapport au capital engagé, il faudra rechercher l'âge auquel un arbre de l'essence dominante gagnera moins en valeur pécuniaire que l'intérêt composé de la valeur marchande totale qu'il représenterait à cet âge ; et, fixé sur cette donnée, ne maintenir que par exception sur pied des réserves de la catégorie d'âge supérieure. On réglera ensuite, en conséquence, le nombre des arbres des divers âges à réserver sur le sous-bois.

Rendons la chose plus sensible par un exemple, en nous plaçant au point de vue qui conviendrait à un petit propriétaire, peu soucieux de l'utilité économique ou sociale des produits à retirer de son bois, mais très désireux de réaliser, au taux le plus élevé possible, le revenu en argent du capital que ce bois lui représente. Supposons que l'essence dominante soit le chêne et que, d'après les conditions de la valeur des bois de bonne venue dans la localité, on ait constaté comme moyennes les faits suivants qui nous permettront d'établir le « Bilan d'un chêne moyen » :

Le baliveau chêne de	25 ans	mesurant	0m.14	de diamètre	à 1m.30	du sol	vaut moyennemt	1 fr.
Le moderne — de	50 —	—	0m.25	—	—	—	—	5 fr.
L'ancien — de	75 —	—	0m.35	—	—	—	—	20 fr.
Le bisancien — de	100 —	—	0m.48	—	—	—	—	60 fr.
La vieille écorce de	125 —	—	0m.60	—	—	—	—	120 fr.(1)

Il faut comparer la plus-value que prend le moyen arbre de réserve en vieillissant, avec les intérêts composés de sa valeur à chaque âge augmentés de la cépée qui le remplacerait s'il était abandonné à l'exploitation, les intérêts étant calculés au taux ordinaire des placements en terrains boisés dans la localité. Dans notre exemple, le baliveau valant 1 fr. à l'âge de 25 ans, et devant valoir 5 fr. quand,

(1) Nous empruntons ces données et les suivantes à l'excellent ouvrage de M. le conservateur des forêts Broilliard : *Le traitement des bois en France à l'usage des particuliers*. 1888. Nancy, Berger-Levrault.

25 ans plus tard, il sera devenu *moderne*, sa plus-value aura été de 4 fr. D'autre part le revenu de 1 fr. à 3 p. 100 à intérêts composés au bout de 25 ans étant de 1 fr. 094, soit 1 fr., 10 ; et la valeur de la cépée qui eût remplacé le baliveau si on l'eût coupé pouvant être portée à 2 fr., c'est 1 fr., 10 + 2 fr. = 3 fr., 10 qu'il faut retrancher de la plus-value de 4 fr., pour avoir le profit que donne le baliveau en devenant moderne : ce profit n'est que de 0 fr., 90 ce qui est peu de chose. Mais il ne faut pas oublier qu'un chêne destiné à croître en futaie ne fait guère, jusqu'à 50 ans, que commencer l'essor de sa végétation. Laissons notre moderne parvenir à la dignité d'*ancien;* il a 75 ans d'âge et vaut 20 fr. Sa plus-value est donc de 15 fr. L'intérêt composé à 3 p. c. des 5 fr. qu'il valait 25 ans auparavant comme moderne donne 5 fr., 50 ; les deux cépées successivement obtenues en 50 ans, si l'arbre eût été coupé, auraient valu 4 fr. Le total de ces deux dernières sommes, soit 9 fr., 50, doit être retranché de la plus-value : 15 fr. — 9 fr., 50 = 5 fr., 50 ; Nous avons cette fois un profit plus important et qui montre qu'il y a eu avantage à laisser notre arbre prendre 25 ans de plus. Allons plus loin, laissons-le vieillir jusqu'à 100 ans : le voilà *bisancien* et âgé de quatre révolutions, il vaut 60 fr. : il a donc gagné une plus-value de 40 fr. Retranchons-en 22 fr. pour les intérêts composés et 6 fr. pour la valeur du recru ; il reste un profit net de 12 fr. Nous avons eu donc jusqu'ici un profit croissant à laisser notre arbre vieillir ; voyons s'il en sera de même en le laissant continuer à végéter, aucun signe certain de dépérissement ne paraissant encore ni sur sa cime ni sur sa tige. On le maintient donc sur pied, et il atteint, toujours bienvenant, l'âge de 125 ans, en doublant de valeur : il valait 60 fr. 25 ans auparavant ; il vaut aujourd'hui 120 fr., il a donc gagné 60 fr. Oui ; mais il faut déduire de ces 60 fr. : 1° 66 fr. pour les intérêts composés, et 2° 8 fr. pour la valeur des 4 recrus successifs qui

eussent occupé la souche de notre arbre si, au lieu de laisser celui-ci croître, on eût arasé celle-là à chacune des quatre révolutions précédentes. Le profit, cette fois, devient négatif : 60 — (66 + 8) = — 14. Autrement dit, il y a *perte*, une perte de 14 fr., dans le fait d'avoir maintenu sur pied jusqu'à l'âge de 125 ans l'arbre qu'il y avait eu profit à conserver jusqu'à l'âge de 100 ans.

Ces aperçus peuvent se résumer dans le petit tableau suivant que nous empruntons à l'ouvrage cité de M. le conservateur Broilliard :

BILAN D'UN CHÊNE MOYEN.

ARBRE DE RÉSERVE à ses divers âges.	Diamètre.	Valeur actuelle.	Plus-value probable.	Valeurs à déduire.		Profit.	Perte.
				Intérêts.	Recru.		
Baliveau de 25 ans	0m,14	1	4	1,10	2	0,90	»
Moderne de 50 ans	0m,25	5	15	5,50	4	5,50	»
Ancien de 75 ans	0m,35	20	40	22,00	6	12,00	»
Ancien de 100 ans (bisancien)	0m,48	60	60	66,00	8	»	14
Ancien de 125 ans (trisancien)	0m,60	120	»	»	»	»	»

Ainsi, dans l'exemple que nous avons adopté comme type, on voit que l'âge de 100 ans, correspondant à quatre révolutions de 25 ans, ne devrait pas être dépassé pour l'exploitation des réserves considérée au point de vue *commercial*. Mais nous aurons d'importantes réserves à faire à l'exposé qui précède. Et d'abord, observons avec M. Broilliard que l'arbre essence chêne considéré est un arbre *moyen*, c'est-à-dire représentant des résultats fournis par des arbres de végétation moyenne; et, comme l'accroissement des arbres qui ne forment pas massif entre eux varie beaucoup de l'un à l'autre, il peut se faire qu'il y ait bénéfice et bénéfice important à maintenir au delà de 100 ou de 125 ans des arbres vigoureux et encore en pleine végétation ; tandis qu'il y aurait perte à réserver des arbres beaucoup plus jeunes, mais qui, pour une cause ou pour une autre, seraient malvenants et de peu d'avenir. Sans compter que le prix des bois varie et, considéré dans une période de temps suffisamment longue, tend plutôt à monter qu'à descendre. De 1855 à 1880, le prix des bois d'œuvre et principalement du chêne avait généralement doublé en France; il a fléchi ces dernières années, par suite de circonstances diverses qu'il n'y a pas lieu d'énumérer ici; mais il est probable que, nonobstant ces fluctuations, il se retrouvera, au bout d'une nouvelle période de 25 ans, soit en 1905, supérieur à ce qu'il était en 1880. Donc déjà, pour ces deux raisons, le tableau qui précède, même en se cantonnant exclusivement dans l'exploitabilité commerciale, n'a rien d'exclusif, rien d'absolu, dans ses chiffres de détail comme dans son ensemble; il ne faut le considérer que comme un exemple d'application essentiellement variable selon les temps et les circonstances.

Toutefois, même au point de vue restreint où nous nous sommes momentanément placés, nous avons ici des éléments suffisants pour justifier l'exploitabilité de 25 ans adoptée dans notre exemple. Il est clair que, si les arbres réservés ne profitent plus, commercialement parlant, à partir de 100 ans, il n'y a pas lieu d'adopter pour l'exploitabilité l'âge de 50 ans, par exemple, qui ne permettrait pas de conduire les réserves plus loin que deux âges et nous ferait retomber dans le taillis simple. D'autre part, le rendement commercial serait moindre par les cépées coupées une seule fois à 50 ans que par les cépées coupées deux fois à 25 ans.

Dans les mêmes conditions, l'âge de 30 ans serait encore mal choisi ; car il ne permettrait de réserver des arbres anciens que de la catégorie inférieure, lesquels, âgés de 90 ans, viendraient en tour d'exploitation à une époque où il y aurait profit à les laisser sur pied pendant dix ans de plus. Il n'y aurait, avec l'exploitabilité fixée à 25 ans, que celle de 20 ans qui conviendrait, parce que 20 est, comme 25, une partie aliquote de 100. Néanmoins, le nombre de 20 années serait généralement un peu trop faible, attendu que, à moins de fertilité exceptionnelle du sol, le taillis ne serait pas arrivé, à cet âge, à une hauteur suffisante pour élever convenablement le couvert de la futaie destinée à croître au-dessus de lui.

IV

DE L'EXPLOITABILITÉ ABSOLUE COMBINÉE AVEC LES EXPLOITABILITÉS COMMERCIALE ET ÉCONOMIQUE.

Dans le dernier exemple dont nous nous sommes servi, nous avons considéré beaucoup moins les convenances culturales, l'intérêt de la production et le meilleur rendement à obtenir d'un massif forestier donné, que la préoccupation étroite, et vraiment commerciale dans le sens le moins élevé de cette qualification, d'établir toujours le rapport le plus fort entre le revenu-argent et le capital engagé ou en formation, en d'autres termes de ne laisser ce capital s'accroître que le moins possible afin de ne pas laisser décroître le *taux* de l'intérêt produit.

Si théoriquement ce point de vue est vrai et s'il offre au premier abord un côté séduisant par la rigueur mathématique qu'il semble affecter, on doit reconnaître que pratiquement il faut singulièrement en rabattre, et que, en réalité, au moins dans la plupart des cas, l'exploitabilité d'un taillis, considérée purement et exclusivement au point de vue de la restriction du capital en vue de l'élévation du taux de l'intérêt, est un véritable leurre. Sans revenir sur la considération très importante de la grande variabilité qui peut exister dans la végétation des futaies de différents âges ayant crû sur un même taillis, non plus que sur la question de la variation du prix des bois, il importe de considérer que les calculs d'intérêts composés qui servent de base à la détermination d'une exploitabilité purement commerciale reposent sur une hypothèse qui ne se réalise presque jamais, à savoir : cette hypothèse que la valeur des arbres d'avenir que l'on aura exploités pour ne pas laisser s'accroître le capital sur pied, sera immédiatement capitalisée par un placement à intérêts composés destiné à durer le temps qu'auraient duré sans dépérir ces mêmes arbres s'ils eussent été réservés. Or, qui donc songe à faire chaque année un tel placement parmi les possesseurs de forêts s'exploitant en coupes réglées ? Le propriétaire qui réalise annuellement la superficie du $\frac{1}{25}$ de l'étendue d'un bois aménagé à une révolution de 25 ans, par exemple, considère comme revenu la totalité du produit de cette réalisation ; il ne fait pas un départ entre la portion du revenu de sa coupe provenant du taillis et celle qui provient des arbres abattus, pour placer celle-ci et encaisser celle-là. Le seul *placement* qu'il fasse, dans la pratique, est celui des réserves laissées sur pied ; et, lors même que la plus-value réalisée par quelques-unes de celles-ci serait inférieure à l'intérêt composé qui serait résulté du placement du prix de leur vente, comme il y a 99 chances sur 100 pour que ce placement n'ait pas été effectué, il en résulte que le maintien sur pied d'une futaie sur taillis, tant qu'elle est bienvenante et n'écrase pas le sous-bois par une trop grande ampleur des cimes, constitue une économie profitable et un placement de bon père de famille : c'est une caisse d'épargne naturelle qui peut sans doute ne pas donner de très gros intérêts, mais qui est sûre et qui, le moment venu de la réaliser, fera toujours plaisir à celui qui en sera l'heureux possesseur, en le mettant en présence d'un capital d'autant plus considérable que l'épargne en bois non abattus aura été plus forte.

L'exemple que nous avons pris pour type tout à l'heure,

et qui se résume dans le petit tableau intitulé *Bilan d'un chêne moyen*, est donc une sorte de diagramme théorique, utile à considérer comme base d'appréciation et dont il y a lieu sans doute de tenir compte dans une certaine mesure, mais auquel il faut bien se garder d'accorder une valeur absolue. En principe, on doit essentiellement se rappeler, dans le choix des arbres à désigner pour être réservés, que c'est toujours la vigueur et la bonne conformation des sujets qui doivent en motiver le maintien, les gros arbres étant ce qui contribue le plus à enrichir les taillis.

Mais il est, en sylviculture, d'autres points de vue, pour la détermination des exploitabilités, que celui du rapport *argent* entre le capital et le revenu. L'on peut se proposer de tirer, d'un bois traité en taillis composé, le plus fort volume possible de matière ligneuse, et c'est alors à l'exploitabilité *absolue* qu'il faut avoir recours. Celle-ci correspond visiblement aux plus longues révolutions, c'est-à-dire aux âges les plus élevés, subordonnées toutefois à la puissance végétative du sol et du climat. Si nous supposons un bois peuplé en essences dures et principalement en chêne, assis sur un sol profond, de qualité moyenne et à une bonne exposition, il est facile de comprendre, en ce qui concerne le sous-bois, que des cépées de 40 ans, garnies de brins épais, allongés et pouvant atteindre 20 à 25 centimètres de diamètre et 10 à 12 mètres de longueur, fourniront une bien plus grande quantité de bois que coupées deux fois à l'âge de 20 ans dans le même intervalle : les brins de cépée ne dépasseraient guère alors 6 à 8 centimètres de diamètre et 5 à 7 mètres de hauteur. Quant à la futaie, les baliveaux destinés à la produire étant isolés pour la première fois, hauts de 10 à 12 mètres et possédant une circonférence, à $1^{m},30$ du sol, de 60 à 70 centimètres, auront à la fois longueur de fût acquise dès la première révolution, et développement en diamètre acquis par la suite des âges à la faveur de leur isolement relatif.

Et l'on sait que le volume des arbres croît non seulement en raison simple des hauteurs, mais encore en raison du carré des diamètres.

Imaginons donc une forêt ou une série d'exploitation régulièrement aménagée en taillis composé à la révolution de 40 ans, avec une réserve ou futaie sur taillis sensiblement normale. Nous trouverions, je suppose, par moyen hectare exploitable, la réserve suivante dominant le sousbois :

10 vieilles écorces (trisanciens) de 200 ans, toutes bonnes à exploiter (D = 0m,72 ‖ H = 10m) pouvant donner . . .	59 stères (1).
20 bisanciens de 160 ans, dont 10 bons à exploiter (D = 0m,65 ‖ H = 10m) pouvant donner . . .	50 stères.
50 anciens de 120 ans, dont 25 bons à exploiter (D = 0m,52 ‖ H = 10m) pouvant donner . . .	79 stères.
100 modernes de 80 ans, dont 50 bons à exploiter (D = 0,38 ‖ H = 10m) pouvant donner . . .	90 stères.
	278 stères.

On trouverait donc à réaliser, par hectare moyen de la coupe exploitable, 278 stères de bois de service et d'industrie ; et, l'exploitation faite, il resterait encore sur pied pour parcourir une ou plusieurs révolutions nouvelles :

10 bisanciens de 161 ans,
25 anciens de 121 ans,
50 modernes de 81 ans,

auxquels l'opération de balivage aurait ajouté

100 baliveaux de 41 ans.

Le taillis abattu aurait facilement donné, houppiers et branchages de la futaie compris, 180 stères de bois tant de menue industrie que de chauffage et de bois à charbon,

(1) Le volume des arbres *en grume*, c'est-à-dire non équarris et recouverts de leur écorce, s'obtient, dans la pratique, en considérant toute la partie du fût propre au service comme un cylindre qui aurait pour base le cercle cir-

et même 200, plus quelques centaines de bourrées avec les rameaux et brindilles trop faibles pour être empilés en stères ou convertis en charbon. Ne tenons pas compte de ces dernières. Nous avons toujours, par hectare moyen de la coupe annuelle exploitable, un produit de 458 à 478 stères tant futaie que taillis, ce qui nous donne, en divisant ces chiffres par 40, nombre d'années de la révolution, un rendement annuel de 11,4 à 11,9 stères ou, ce qui est la même chose, 7,63 à 7,97 mètres cubes par hectare.

Au point de vue pécuniaire, si nous évaluons les stères sur pied de bois de service et d'industrie au prix faible de 15 fr., l'un dans l'autre, et les stères de bois de feu (chauffage et charbon) à 6 fr., nous arrivons à un rendement total de 5250 à 5370 fr. à l'hectare exploitable, représentant, pour le rendement annuel moyen de toute la forêt ou série, 131 à 134 fr., par hectare.

De tels rendements ne peuvent s'obtenir que dans les taillis sous futaie à longue révolution et dans des conditions de végétation favorables. Ils supposent, à l'origine, une longue attente de la part du propriétaire, soit qu'il ait créé sa forêt artificiellement, soit qu'il ait converti, par l'effort successif et constant de plusieurs générations, un taillis simple à basse exploitabilité en la futaie sur haut taillis que nous considérons. De tels efforts sont généralement au-dessus des forces des particuliers, au moins sous le régime du partage forcé des successions, où aucune fortune n'est stable, et où nul n'est assuré de pouvoir transmettre à sa postérité des traditions de saine administration domestique et de bonne gestion du bien

conscrit par sa circonférence moyenne. On multiplie par la partie entière de π, c'est-à-dire par 3, le carré du demi-diamètre, et l'on multiplie ensuite le produit par H qui représente la longueur de fût propre au service. On obtient ainsi le cube plein. Le facteur de conversion pour passer, du volume plein exprimé en mètres cubes, au volume en stères, est ordinairement 1,5; ce qui revient à ajouter au chiffre représentant le nombre de mètres cubes la moitié de lui-même. Ainsi un volume plein de 32 mètres cubes donnerait 48 stères.

légué par les ancêtres. Ils sont plus accessibles aux États, aux communes et autres corps moraux qui, ne mourant point, peuvent, s'ils sont sagement administrés et avec esprit de suite, tabler avec assurance sur un avenir plusieurs fois séculaire. Mais le particulier qui, en France ou en Belgique, par exemple, entrerait en possession, par voie d'achat, succession, licitation ou autrement, d'une forêt ainsi aménagée, avec une abondante futaie normalement répartie sur un haut taillis de chêne et autres essences dures s'exploitant à 40 ans, — ce particulier éprouverait tôt ou tard une violente tentation de réaliser une partie du capital sur pied, d'une part en abaissant l'âge d'exploitabilité du taillis, ce qui lui permettrait d'accroître en raison inversement proportionnelle l'étendue de sa coupe annuelle, d'autre part en dépassant, dans l'abatage des futaies, la quotité disponible de la réserve (1). Puis, si au fur et à mesure de la réalisation de ces portions de son capital notre propriétaire effectuait, à l'aide des fonds obtenus de la sorte, d'heureuses spéculations de bourse, il est certain qu'il accroîtrait sa fortune beaucoup plus rapidement qu'en laissant son argent en nature de matériel végétal se développant lentement sur le sol.

(1) On pourrait se rendre compte approximativement du capital représenté par une forêt, dans les conditions que nous venons d'indiquer, de la manière suivante :

L'hectare moyen exploitable contenant 10 trisanciens cubant ensemble 59 stères, 20 bisanciens cubant 100 stères, 50 anciens cubant 158 stères, 100 modernes cubant 180 stères, on aurait déjà pour la futaie 497 st. qui, modérément évalués sur pied au chiffre moyen de 15 fr. le stère, donneraient 7455 fr. On y ajouterait la valeur de 120 baliveaux non compris dans l'estimation du taillis, étant destinés à être réservés. Ces baliveaux, réduits à 100 pour tenir compte des accidents possibles, peuvent être évalués à 4 fr. l'un, étant âgés de 40 ans et ayant crû dans de bonnes conditions : soit 400 fr. à ajouter. Le taillis étant évalué de 180 à 200 stères à l'hectare, soit 190 stères de bois de feu (chauffage et charbon) estimé 6 fr. le stère, nous obtenons encore par là une somme de 1140 fr. Soit pour la totalité du matériel sur pied de l'hectare exploitable une somme de 8995 fr. Si la totalité de la forêt était exploitable (supposons-la, pour plus de simplicité, de 40 hectares seulement, chaque coupe annuelle étant de 1 hectare), on aurait la valeur de sa superficie totale

Il est vrai que les spéculations de bourse ne sont pas toujours heureuses ; et il n'est pas tout à fait sans exemple qu'on y ait vu des fortunes s'effondrer. Il peut arriver aussi qu'on oublie un peu trop que l'accroissement d'étendué donné à la coupe annuelle, que l'extension apportée à l'abatage de la futaie sont des emprunts faits au capital, et que, par suite de cet oubli, l'on considère le tout comme un simple accroissement de revenus : sans doute, quelques années plus tard, on paiera, par une diminution d'autant plus grande dans le rendement annuel, cette trompeuse et temporaire augmentation. Seulement ce ne sera que dans 25 ou 30 ans que ce résultat fâcheux commencera à se faire sérieusement sentir..... On ne sera peut-être plus là... les héritiers se débrouilleront comme ils pourront.... D'ailleurs ils auront la ressource de procéder de même et d'étendre encore la surface de leur coupe annuelle en abaissant graduellement l'âge d'exploitation au-dessous de toute exploitabilité. A ce régime, la forêt finira par n'être plus qu'un amas de broussailles, que la vaine pâture achèvera de détruire. Mais l'on se sera procuré des jouissances... On aura mené plus grande vie, en se disant : Après nous le déluge !....... C'est ainsi que

en multipliant cette somme par 40. Mais à côté d'une coupe de 40 ans, il y en a une de 39 ; à côté de celle-ci, il y en a une de 38 ans, et ainsi de suite jusqu'à la coupe en exploitation qui représente 0 an. Il faut donc prendre la moyenne entre 8995 fr. et 0, soit 4497 fr. 50, ou, en nombre rond, 4500. Ajoutons à ce chiffre la somme de 500 fr. pour représenter la valeur du sol, et nous arrivons à 5000 fr. qui, multiplié par 40, nombre d'hectares, donne un capital de 200 000 fr. — Le revenu moyen étant de $\frac{5250 + 5370}{2} = 5310$ fr., on voit que le taux serait ici de 2,65 pour cent.

Ce n'est là du reste qu'une évaluation théorique et par à peu près. Sitôt qu'un taillis est quelque peu chargé en futaie, l'on doit, pour arriver à une estimation en sol et superficie exacte, faire le comptage, par catégories de grosseur et de hauteur à partir de 20 centimètres de diamètre, de tous les arbres sans exception, en les prenant coupe par coupe, et estimant en même temps le taillis tant à son âge actuel que ramené à l'âge d'exploitabilité : on évalue ensuite la valeur du fonds par comparaison avec la valeur des terres arables riveraines ou voisines.

l'on appauvrit ses descendants, et que l'on administre tout autrement qu'en bon père de famille.

N'exagérons rien pourtant. Il peut se présenter telle circonstance impérieuse qui vous contraigne, même en bonne administration, à réaliser une partie du capital possédé dans les conditions d'un massif forestier tel que nous l'avons supposé, sans qu'on ait la possibilité, ni surtout le temps de le reconstituer dans la même forme. C'est alors le cas de recourir, non pas à l'exploitabilité commerciale pure, mais à une sorte de compromis entre celle-ci et l'exploitabilité absolue, et que, pour cette cause, il y a lieu d'appeler exploitabilité *mixte* ou *composée*.

On peut alors adopter, pour l'âge de la coupe annuelle, 30 ans ou même 25 ans, suivant les conditions de la végétation dans la localité. Si l'on a soin, en exploitant à cet âge moins avancé, de maintenir toujours, au-dessus du taillis, une proportion convenable de réserves, choisies, dans chaque âge, parmi les arbres les plus vigoureux et les mieux conformés, — on ne laissera pas que de conserver la forêt en bon état et de la diriger suivant les pratiques d'une saine culture.

Supposons qu'une réalisation graduelle du capital sur pied ait été effectuée sur notre massif forestier de tout à l'heure, à partir d'il y a 25 ans. Si bien que ce massif, supposé de 40 hectares, dans lequel on avait jusqu'alors exploité chaque année 1 hectare de taillis de 40 ans, aura été parcouru, cette fois, en 25 années, en chacune desquelles on aura coupé $1^{h},60$ de taillis, en abattant en même temps une proportion plus forte que précédemment d'arbres de futaie. Nous pouvons admettre que la coupe exploitable de $1^{h},60$ reviendra désormais chaque année, à l'âge de 25 ans, composée d'un taillis rendant encore 110 stères à l'hectare, soit 176 stères en totalité, et surmonté d'une futaie dont voici le détail :

			dont à exploiter	donnant	et à réserver
Vieilles écorces	3 (D = 0m,70 ; h = 8m)	13st,32	3	13st,32	»
Trisanciens. .	9 (D = 0m,60 ; h = 8m)	28st,16	6	19st,44	3
Bisanciens . .	18 (D = 0m,48 ; h = 7m)	32st,04	9	16st,02	9
Anciens . . .	45 (D = 0m,35 ; h = 7m)	42st,30	27	25st,38	18
Modernes . .	90 (D = 0m,25 ; h = 6m)	36st,90	45	18st,45	45
	165 grosses réserves	142st,72	90	92st,61	75

En procédant au balivage et martelage de la coupe, on réservera, outre les 75 arbres modernes et anciens indiqués ci-dessus, un minimum de 120 baliveaux (à raison de 75 à l'hectare).

Le produit en argent de la coupe serait, en portant à 15 francs le prix moyen du stère de futaie sur pied, et à 5 francs le prix du stère de taillis :

93st	×	15 fr.	=	1395 fr.
176	×	5 »	=	880 »
		Total		2275 »

Ainsi, alors que, coupant chaque année 1 hectare de taillis de 40 ans et laissant sur pied 85 grosses réserves de 80 à 160 ans, nous obtenions pour la coupe annuelle un revenu moyen de 5310 fr., nous n'obtenons plus, sur 1h,60a, et laissant sur pied seulement 75 grosses réserves de 50 à 125 ans, que 2275 fr., c'est-à-dire moins de la moitié du rendement précédent. En revanche, nous avons diminué le capital dans une proportion plus forte que le revenu, et le taux de l'intérêt se trouve augmenté : il était de 2, 65 p. 100 environ dans le premier cas ; il est monté à 3,83 p. 100, dans le second (1). Or un taux de près

(1) Ce taux peut se déterminer, approximativement, de la même manière que dans le premier cas. Nous avons, sur le moyen hectare exploitable à

de 4 p. 100 est, en matière de placements en biens fonds, un taux très acceptable et très suffisamment rémunérateur. Il n'est donc pas nécessaire, pour concilier la gestion du bon père de famille en vue de l'avenir, avec les impérieuses nécessités du présent, de se renfermer, en matière de traitement des bois, exclusivement dans l'exploitabilité commerciale. Car alors il faudrait, logiquement, aller beaucoup plus loin, supprimer toutes réserves au-dessus du taillis, et réduire celui-ci à la condition de taillis simple à la plus courte révolution possible.

Remarquons d'ailleurs que, dans l'hypothèse où nous nous sommes placés, nous avions affaire à un sol qui n'était point de la dernière qualité, puisque nous l'estimions à 500 fr. l'hectare. Or, c'est un des grands avantages de la végétation forestière qu'elle peut se développer d'une manière relativement très satisfaisante sur les sols les plus rebelles à toute culture proprement dite. Dans un de ces sols qui, au point de vue de la terre arable, vaudrait à peine 150 ou 200 fr. à l'hectare ou même moins encore, il pourrait arriver sans doute que l'exploitabilité absolue du taillis fût atteinte bien avant 40 ans, mais aussi que, à la révolution de 25 ans, il produisît un

25 ans, un volume de futaies sur taillis de 143 stères à 15 fr., qui donnent une valeur de, ci. . . . . 2145 fr.

Si nous portons les 120 baliveaux qui seront réservés lors de l'exploitation à la valeur d'ailleurs élevée de 1 fr. l'un, nous avons à ajouter de ce chef, ci . . . . 120 fr.

Le taillis, fournissant pour la coupe annuelle 176 stères à 5 fr., nous donne. . . . . 880 fr.

Total pour la superficie de la coupe annuelle 3145 fr.

En multipliant la moitié de ce chiffre par le nombre des coupes comprises dans la révolution, nous aurons, par approximation probable, la valeur de la superficie totale; soit $\frac{3145}{2} \times 25 = 39\,312$ fr. 50. A cette valeur du matériel sur pied, il faut ajouter celle du sol que nous savons être de 500 fr. à l'hectare, soit $500 \times 40 = 20\,000$ fr., qui, ajoutés à la valeur de la superficie, donnent comme valeur totale : 59 312 fr. 50.

Or, si nous comparons ce capital au revenu de 2275 fr. indiqué plus haut, nous trouvons que le taux est de 3,83 pour cent.

revenu d'un taux plus élevé que celui auquel nous étions parvenus, la valeur du sol entrant alors pour une part plus faible dans les éléments constitutifs du capital, sans que le revenu en fût diminué dans la même proportion.

Dans les taillis composés, comme dans les taillis simples, comme d'ailleurs dans tout mode quel qu'il soit de traitement des forêts, la plus forte production de matériel ligneux et le taux d'intérêt le plus élevé ne sont pas les seuls points de vue où l'on puisse se placer pour la détermination de l'exploitabilité. Il y a aussi la formation des produits les plus utiles à l'intérêt général dans une région donnée. L'exploitabilité déterminée en vue de cette production est celle que M. le conservateur Broilliard appelle l'exploitabilité *économique*. Elle est relative aux besoins généraux du pays, comme la commerciale est relative à l'intérêt pécuniaire immédiat du propriétaire. Elle se réalise ordinairement à un âge moins avancé que celui de l'exploitabilité absolue; mais elle peut aussi le dépasser quelquefois, au moins pour la futaie, dans le but par exemple de produire des pièces de bois de dimensions exceptionnelles et ne pouvant être réalisées qu'à des âges où les arbres ont atteint depuis plus ou moins longtemps leur plus grand accroissement moyen. Ce cas est rare et ne peut guère incomber qu'à un propriétaire de la nature de l'État, dont la mission est avant tout de pourvoir à l'intérêt public. Il pourrait être fait face d'ailleurs à ce besoin spécial sans modifier la révolution d'un taillis aménagé en vue de l'exploitabilité absolue, mais seulement en laissant les réserves arriver à un âge plus avancé ; à moins cependant que cet âge ne fût pas un multiple de l'exploitabilité du taillis.

Mais le plus souvent l'exploitabilité économique correspond à un âge égal ou inférieur à celui de l'exploitabilité absolue. Dans le premier cas, les deux exploitabilités se confondent quant à l'âge, et le rôle du forestier se borne alors aux soins culturaux qui peuvent être appropriés au but à atteindre. Dans le second cas, l'exploitabilité économique diffère bien peu de l'exploitabilité mixte telle que nous l'avons définie plus haut. Il est évident, en effet, que les produits ligneux les plus utiles dans la région où ils se réalisent sont en même temps les plus recherchés et partant les mieux payés. Si, par exemple, la même quantité de bois convertie en chauffage à 6 fr. le stère, je suppose, en vaut 10 façonnée en perches à houblon, en étais de mine ou en échalas, l'industriel qui achètera la coupe exploitable au propriétaire de la forêt, s'en rendra acquéreur en vue d'en tirer les marchandises les plus avantageuses à son industrie ou à son commerce et la payera en conséquence. Suivant que ces produits spéciaux seront obtenus à un âge plus ou moins avancé, l'exploitabilité économique se rapprochera davantage soit de l'exploitabilité absolue, donnant dans la matière même que l'on recherche un volume de bois plus considérable, soit de l'exploitabilité commerciale, s les produits à réaliser s'obtiennent à un âge peu élevé, comme par exemple les perches à cerclage qui, en sol convenable, sont exploitables dès l'âge de 7 ou 8 ans, avec les essences châtaignier, saule marceau et robinier, vers l'âge de 15 à 18 ans avec les essences bouleau, coudrier, cornouiller mâle. Seulement ces âges, le premier surtout, sont peu compatibles avec le régime du taillis composé, à moins que le couvert des réserves ne soit relevé, après chaque exploitation du sous-bois, par un élagage judicieux et bien dirigé. Mais c'est là une opération délicate, qui veut être faite avec une observation attentive et une circonspection très grande, sous peine de porter un tort irrémédiable aux arbres qui en sont l'objet.

Au résumé, trois modes d'*exploitabilité* sont applicables aux taillis sous futaie : les exploitabilités *absolue*, *commerciale* et *économique*. La première, essentiellement culturale, est la plus favorable au bon entretien, à l'amélioration même de la forêt qui lui est soumise. La seconde serait susceptible de produire des effets diamétralement contraires, si elle était observée d'une manière trop exclusive et trop absolue. Enfin la troisième et la seconde peuvent donner d'excellents résultats, étant combinées avec la première, de manière à favoriser, dans une équitable proportion, l'intérêt du présent avec celui de l'avenir.

V

DE L'AMÉNAGEMENT DES TAILLIS SOUS FUTAIE.

Les taillis sous futaie se composant, comme le nom l'indique, de taillis et de futaie, c'est-à-dire de rejets de souches et d'arbres de haute venue, la possibilité à leur appliquer semble devoir être déterminée d'après la double exploitabilité des cépées et des arbres, ceux-ci étant supposés venus tous de semence, ou au moins dans des conditions s'en rapprochant (1).

Imaginons un bois taillis peuplé d'essences dures et à croissance lente, chêne, orme, érable, charme, etc., offrant une bonne moyenne, tant au point de vue du sol et du climat qu'à celui de la végétation. Nous pouvons admettre que l'exploitabilité de ces essences, en tant *qu'arbres*, serait de 150 à 160 ans pour le chêne, autant pour

(1) Il est certain que les brins de semis, à la condition d'être bienvenants et de bonne conformation, sont toujours préférables, dans le choix des baliveaux de l'âge, aux rejets des souches. Mais on comprend sans peine qu'on ne puisse être assuré de trouver toujours à point nommé des brins de semis en nombre suffisant et avec espacement approprié, pour constituer un balivage normal de brins de l'âge : force est donc bien, fort souvent, de recourir aux rejets de souches, ayant une position suffisamment voisine de la verticale et offrant les signes d'une bonne végétation. Il faut alors éviter autant que possible les rejets venus sur vieilles et grosses souches. Quant aux rejets des jeunes souches n'ayant pas plus d'une ou deux révolutions antérieures, leurs conditions de végétation se rapprochent assez des brins de semis pour que l'on puisse aisément s'en contenter et constituer avec eux les éléments d'une très bonne réserve.

l'orme, de 120 à 130 ans pour l'érable, de 80 à 100 ans pour le charme. On voit au premier coup d'œil que, dans ces conditions, l'on peut, eu égard aux réserves, adopter pour le taillis l'une quelconque des révolutions de 20 ans, 25 ans, 30 et même 40 ans ; car elles sont toutes des sous-multiples ou à peu de chose près des nombres entre lesquels se meut l'exploitabilité absolue des essences qui le composent. Il restera alors à déterminer, au point de vue de la croissance des cépées et de la vitalité des souches, celle de ces révolutions qui s'adaptera le mieux soit au meilleur rendement en matière du taillis, soit au taux d'intérêt le plus élevé en regard d'un capital accru le moins possible, soit à la destination spéciale à laquelle on désire affecter principalement le bois qui sera fourni par les brins de cépée. Nous nous retrouvons ici dans le même cas que pour la détermination de la possibilité des taillis simples, sauf toutefois cette condition indispensable de subordonner le chiffre précis de la révolution des taillis aux chiffres adoptés pour l'exploitabilité des futaies, le premier devant toujours être un sous-multiple des seconds.

Le raisonnement serait le même, bien que suivant des chiffres différents, si l'on avait affaire à des essences de faible longévité ou de croissance relativement rapide, comme châtaignier, bouleau, saule, aune, bois blancs divers. Le châtaignier est assurément un bois dur et non des moindres ; mais, si sa longévité est grande, ce n'est que relativement à son exploitabilité physique : il se creuse jeune encore à l'intérieur, surtout quand l'arbre provient d'un rejet de souche ; et comme, d'autre part, il a une croissance très rapide, grâce à laquelle ses cépées fournissent de bonne heure une très grande quantité de bois, il y a peu d'intérêt à le laisser vieillir beaucoup comme futaie. On peut donc le soumettre à un traitement analogue à celui des bois blancs. Pour ceux-ci on ne dépassera pas, comme exploitabilité des réserves, les chiffres de 60 à 80 ans au plus, qui permettent d'adopter, pour le taillis, des révolutions de 20, de 15, de 10 et même de 8 ans. Ces dernières, comme nous l'avons exposé précédemment, peuvent avoir leur raison d'être dans certains cas économiques spéciaux. Si, par exemple, on se trouvait en présence d'un peuplement mélangé de châtaignier, de saule marceau, de coudrier (noisetier), d'aune et de bouleau, il pourrait y avoir avantage pécuniaire, sans inconvénient cultural grave, à adopter une révolution très courte : la rapidité de croissance de ces diverses essences, surtout en un sol frais et humide, donnerait aux bois à réserver une hauteur suffisante pour que le sous-bois n'en fût pas écrasé. Rien n'empêcherait d'ailleurs de relever leur couvert en raccourcissant ou même coupant rez tronc les branches inférieures jusqu'à une hauteur donnée, les dangers que peut présenter cette opération, quand elle est faite sans une compétence suffisante, étant beaucoup moindres quand la végétation est rapide que sur les essences à croissance lente et en terrain aride.

Une fois déterminée la révolution à laquelle sera soumis le sous-bois, l'on procède à l'aménagement d'un taillis composé exactement de la même manière que pour un taillis simple : on partage géométriquement la forêt ou la série en autant de portions égales qu'il y a d'années dans la révolution adoptée, chacune de ces portions devant être affectée à l'assiette d'une coupe correspondant à l'une des années de cette révolution. Les *règles d'assiette*, dont nous avons donné précédemment la définition et l'économie (1), seront soigneusement observées ; enfin l'on devra se conformer à tout ce qui a été dit, dans la première partie de ce travail, sur l'aménagement des taillis simples. Pour ne pas tomber dans des répétitions ou des redites, qui n'ont d'ailleurs rien d'indispensable, nous ne reproduirons pas la description précédemment donnée de l'amé-

(1) Cf *Revue des quest. scientif.* d'octobre 1887, pp. 434 et suivantes.

nagement en quatre séries d'un taillis simple de mille hectares offrant des conditions de peuplement et de végétation assez variées (1). Nous engagerons seulement à s'y reporter le lecteur qui nous ferait l'honneur de nous suivre avec quelque attention, et qui désirerait se rendre compte de l'application, à l'aménagement d'un taillis composé, des indications données à l'occasion des taillis simples. La marche à suivre, tant dans la partie géodésique et de viabilité que dans l'assiette des coupes et l'ordre dans lequel elles doivent se succéder d'année en année, cette marche est la même, soit qu'il s'agisse de taillis purs ou de taillis sous futaie. C'est seulement dans le choix et la répartition des réserves que de nouvelles considérations devront être introduites.

Envisageons une série d'exploitation quelconque, la série A, si l'on veut, dans l'exemple précédemment choisi, et auquel il vient d'être fait allusion, d'une étendue de 258 hectares.

Trois cas peuvent se présenter.

1° Nous pouvons avoir affaire à un bois traité jusqu'alors régulièrement en taillis simple et qu'un nouvel aménagement doit convertir aussi rapidement que possible en taillis composé.

2° Ou bien le bois en question, déjà traité antérieurement en taillis sous futaie, doit être soumis à un nouvel aménagement, soit pour en changer la révolution reconnue trop courte ou trop longue relativement à l'exploitabilité que l'on se propose d'adopter, soit par suite de toute autre circonstance obligeant à modifier l'aménagement ancien.

3° Enfin, l'on peut se trouver en présence d'un bois qui n'a pas été exploité régulièrement et a été plus ou moins abandonné, subissant ici et à telle époque des coupes trop fortes, ailleurs et en autre temps des coupes insuffisantes,

(1) *Loc. cit.*, pp. 438 et suiv.

sur d'autres points endommagé par le pâturage et par les délits ; en un mot une masse confuse de végétation ligneuse où se rencontreraient, plus ou moins mêlés sans aucun ordre, les peuplements les plus variés, depuis les cépées abrouties (1) ou buissonnantes, jusqu'aux arbres élancés et de haute venue en passant par des taillis de différents âges, les uns assez bienvenants, les autres à l'état de broussailles (2).

Dans le premier cas, l'opération est des plus simples : il s'agit de réserver sur chaque coupe, en plus du nombre de brins de l'âge déterminé comme on l'a vu plus haut, un certain nombre des brins déjà réservés à la révolution précédente pour en faire, comme nous l'avons vu, des *modernes*. Seulement, l'état du peuplement ne fournissant pas encore les éléments nécessaires pour réserver des *anciens*, on pourra remplacer la proportion d'anciens manquants par un surcroît analogue dans le nombre des modernes. Ainsi, les conditions de notre taillis permettant de le surmonter, par exemple, de 150 réserves de divers âges à l'hectare, et le balivage de la révolution précédente nous mettant en présence de 100 brins de deux âges, c'est-à-dire de 100 modernes, comme nous n'avons pas la faculté de réserver, avec cinquante de ces modernes, seulement 12 ou 15 anciens, puisqu'il n'en existe aucun, nous marquerions en réserve 75 modernes au lieu de 50, en

(1) *Abrouti* signifie, en langage forestier : rongé, brouté par le bétail, ou l'état qui en résulte.

(2) Il y aurait bien encore un quatrième cas à envisager : celui d'un bois jusque-là traité en futaie, soit pleine, soit *jardinée* (nous verrons plus tard quelle est en sylviculture la signification de ce mot), et qu'il s'agirait de convertir en taillis composé. Mais ce cas, d'ailleurs peu compliqué, sera plus utilement examiné lorsqu'il aura été traité de la culture et de l'exploitation des bois par la méthode, ou plutôt *les méthodes* de la futaie. Peu de mots suffiront alors à l'exposer ; tandis qu'il nécessiterait aujourd'hui des explications préalables hors de saison, et qui feraient plus tard double emploi avec celle qu'impliquera nécessairement l'exposé et la discussion des différents régimes de la futaie.

plus des 100 à 120 réglementaires baliveaux de l'âge. A la révolution suivante, nos 75 modernes étant devenus autant d'anciens, et nos 120 baliveaux nous ayant fourni 100 modernes, nous nous trouverions, dans chaque coupe, en plein taillis composé normal, avec tous les éléments nécessaires pour constituer au-dessus du sous-bois un ensemble de réserves parfaitement graduées.

La conversion du taillis simple en taillis composé se parachèverait donc, en ce qui concerne la futaie, en l'espace de deux révolutions.

La situation, pratiquement plus compliquée dans le second cas, peut d'ailleurs permettre d'obtenir le résultat désiré en un temps plus court. En effet, le bois dont il s'agit étant déjà un taillis sous futaie, ce n'est plus une *conversion* qu'il y a à lui faire subir, mais, en plus de la nouvelle répartition des coupes, une simple modification dans l'assiette des réserves. Par suite du changement dans l'étendue des coupes annuelles, résultat forcé du changement dans la durée de la révolution, il arrivera que les vieilles réserves abonderont trop sur certains points, seront trop rares sur d'autres : il incombera alors au coup d'œil du forestier de reconnaître ce qu'il y aura à faire pour rétablir graduellement une proportion normale d'arbres de futaie. Là où se trouvera un ensemble de vieux arbres hors d'état de parcourir une nouvelle révolution, il faudra les désigner impitoyablement pour être abattus, et serrer d'autant plus le balivage des brins de l'âge et des jeunes arbres. On le serrera de même sur les points où les gros sujets feraient plus ou moins défaut, et d'autant plus qu'ils manqueraient davantage. En procédant ainsi judicieusement, et autant que possible d'après un plan préconçu dont les lignes essentielles seraient étudiées, tracées d'avance et insérées dans le *règlement d'exploitation*, annexe obligée de toute opération de cette nature, on arrivera le plus souvent, en la durée d'une seule révolution, à parfaire l'application du nouvel aménagement.

Les deux cas que nous venons d'examiner sont assez simples et n'offrent pas de difficulté sérieuse aux mains d'un forestier tant soit peu au fait de son métier. Le troisième, qu'il nous reste à examiner, demande, lorsqu'il se présente, une étude plus laborieuse et plus approfondie. C'est, en effet, celui d'un massif forestier tout à fait irrégulier, où les exploitations auraient été faites sans ordre et sans méthode, et où par conséquent tous les âges et toutes les nuances de peuplement se rencontreraient pêle-mêle, sans aucun fil conducteur dont on pût se faire un guide pour arriver à une régularité au moins relative.

En de telles conditions, la première chose à faire, après avoir levé et rapporté le périmètre du massif à aménager et en avoir calculé la contenance, c'est d'en établir le *parcellaire*, opération jusqu'à un certain point délicate, mais, pour un forestier expérimenté, plus longue et compliquée que difficile. Elle consiste à délimiter, soit à l'aide de limites naturelles telles que crêtes de rochers, ravins, cours d'eau, chemins existants, soit à l'aide d'étroites tranchées (ou *filets)* ouvertes à travers bois et de piquets ou, au besoin, de bornes, les différentes nuances du peuplement suffisamment distinctes les unes des autres. Ce travail long et laborieux a pour effet de partager le bois ou la série à aménager en autant de petites parcelles que l'on aura pu constater et reconnaître d'états particuliers du peuplement. On lève ensuite et l'on rapporte sur le plan général du périmètre tout ce détail intérieur, en inscrivant sur un tableau annexé la description détaillée de chaque parcelle préalablement désignée par une lettre de l'alphabet (parcelle *a*, parcelle *b*, parcelle *c*, etc.). Ce tableau doit faire connaître, pour chaque parcelle, la nature du sol, ses accidents importants, son exposition, son altitude ; la consistance, les *âges* approximatifs du taillis et de la futaie, l'état de la végétation, les circonstances pouvant être favorables ou contraires à celle-ci. L'âge du taillis de chaque parcelle, évalué avec toute l'approximation possible, ou établi exactement à l'aide de documents le concernant, s'il en existe, est marqué sur le plan par un chiffre inscrit au-dessous de la lettre indicative : $\overset{a}{(18\text{ ans})}$ $\overset{b}{(6\text{ ans})}$ $\overset{c}{(52\text{ ans})}$ $\overset{d}{(35\text{ ans})}$ par exemple. Les courbes de niveau, si le terrain est très mouvementé, étant soigneusement tracées sur le plan, ainsi que tous les détails importants, comme cours d'eau, maisons, bancs de rochers, mares ou étangs, etc., il s'agit, aidé du parcellaire (plan et tableau), et de la connaissance des lieux acquise par son établissement même, de trouver la meilleure marche à suivre pour arriver à remplacer par un état de choses régulier cette extrême irrégularité.

Généralement on y parvient au moyen d'une *révolution transitoire* ou *préparatoire*, relativement courte et durant laquelle on s'efforce de faire disparaître le plus promptement possible les bois, soit taillis soit arbres, ayant dépassé ou atteint leur exploitabilité, mais en observant un ordre qui permette d'établir une gradation régulière dans les âges du taillis, tout en réservant les moyens de se conformer, lors du règlement d'exploitation définitif, aux règles d'assiette. Si nous supposons que le bois qui nous occupe a son exploitabilité normale, pour le taillis, à l'âge de 30 ans, l'exploitabilité des futaies des diverses essences se rencontrant dans des multiples de ce nombre, mais que plusieurs de nos parcelles aient sensiblement dépassé ces âges, on pourra être amené à adopter comme révolution transitoire une période de 20 ans, par exemple. On partagerait alors la série, *provisoirement*, en 20 parties égales de 12 à 13 hectares chacune (possibilité exacte : 12^{h}, 90), ces parties étant disposées de manière à grouper autant que possible les parcelles d'âges rapprochés, mais sans se préoccuper à l'excès des portions très inférieures qui se trouveraient englobées parmi les parties plus âgées : il s'agit avant tout de régulariser le peuplement ; or, celui-ci étant l'irrégularité même, il est impossible de remédier à ce désordre sans exploiter plus d'une fois, durant la révolution transitoire, de jeunes bois avec les vieux.

En ce qui concerne les arbres de futaie, on désignera naturellement, pour tomber pendant la révolution transitoire, tous ceux qui auront atteint ou dépassé pendant sa durée leur exploitabilité individuelle, dût-on réduire momentanément certaines parties à la condition de taillis simples, condition dont elles seront d'ailleurs promptement relevées par l'effet des balivages ultérieurs. La révolution transitoire écoulée, on se trouvera, à l'expiration des vingt ans qu'elle aura duré, en présence d'un taillis composé, peut-être quelque peu irrégulier encore quant à la futaie, mais bien régularisé quant au sous-bois dont les âges se suivront de proche en proche, de 20 ans à 1 an. Il s'agira alors de procéder à l'aménagement définitif, ce qui s'effectuera en partageant les 258 hectares, non plus en 20 parties de 12^h,90 chacune, mais en 30 parties de 8^h,60 qui, destinées désormais à être indéfiniment assises sur les mêmes emplacements, seront soigneusement fixées et limitées sur le terrain par des lignes essartées et des bornes. La première coupe ne comprendra, à la vérité, que du taillis de 20 ans ; mais dès la seconde, une part importante, soit 12^h,90 — 8^h,60 = 4^h,30, sera âgée de 21 ans. La troisième et la quatrième coupe seront chacune âgées de 21 ans. La cinquième sera pour 4^h,30, soit pour moitié, âgée de 21 ans et pour moitié de 22 ans. Et ainsi de suite. De telle sorte que, parvenu au milieu de la révolution définitive, soit au bout de 15 ans, l'on exploitera le taillis à l'âge de 25 ans, et que les exploitations atteindront enfin l'âge normal en arrivant aux coupes n°s 29 et 30. On voit que c'est seulement à la fin de la première révolution définitive, consécutive à la révolution transitoire, que l'on sera parvenu au but qu'il s'agissait d'atteindre, savoir : *Régulariser et aménager, en taillis composé à la révolution définitive de 30 ans, un massif boisé très irrégulier et contenant des bois de tous âges répartis sans ordre sur toute l'étendue de ce massif.*

Nous avons choisi à dessein, dans le troisième cas que nous venons d'examiner, les conditions les plus compliquées. Il arrivera souvent qu'elles le seront moins. Par exemple, on peut concevoir notre massif de 258 hectares comme n'étant très irrégulier que sur un tiers ou une moitié de son étendue. Supposons que ce soit dans la moitié irrégulière que se rencontrent, mêlés avec de jeunes bois, les bois les plus âgés, et que les bois de l'autre moitié, bien que d'âges divers, représentent cependant une moyenne notoirement inférieure à celle de la première. Il pourra se faire alors qu'une révolution transitoire de 10 ans soit suffisante ; elle porterait seulement sur la moitié la plus irrégulière, à la suite de laquelle on appliquerait immédiatement la révolution définitive, avec la contenance qu'elle implique pour la coupe annuelle, à la seconde moitié du massif.

Il pourrait arriver également que la partie la plus maltraitée et la plus irrégulière du bois à aménager se trouvât contenir en majorité notoire les taillis les plus jeunes, quoique surmontés par places de vieilles futaies dépérissantes ou sur le retour. Ce serait, quant au sous-bois, la conséquence de l'introduction abusive du bétail en forêt, trop peu de temps après la coupe du taillis et avant que celui-ci ne fût devenu *défensable :* les rejets des souches seraient plus ou moins mutilés et rabougris par suite de l'abroutissement. Dans la moitié la plus âgée, au contraire, il y aurait moins de mal ; les âges se suivraient assez régulièrement sans dépasser l'exploitabilité. On obtiendrait, dans l'hypothèse, une régularité suffisante à l'assiette de l'aménagement, au moyen d'une révolution transitoire très courte, qui permettrait de faire tomber à bref délai les futaies dépérissantes, et à bref délai également, de receper tout le sous-bois plus ou moins abrouti. Après quoi l'on appliquerait la révolution définitive en commençant naturellement par le côté le plus âgé.

Au fond, la marche à suivre pour l'aménagement des taillis sous futaie ne diffère pas sensiblement de celle que nous avions indiquée précédemment pour les taillis simples. La possibilité s'y règle toujours exclusivement par l'étendue géométrique du sol dans son rapport avec la révolution adoptée, et celle-ci est déterminée avant tout par l'exploitabilité du sous-bois. Cette exploitabilité est d'ailleurs le plus souvent en corrélation assez intime avec celles des futaies pour y entrer sans effort comme partie aliquote des unes et des autres, surtout quand on adopte sagement soit l'exploitabilité absolue, soit une exploitabilité mixte ou composée entre celle-ci et les conditions économiques ou commerciales les plus avantageuses aux besoins sociaux ou à l'intérêt pécuniaire du propriétaire.

Au point de vue de la propriété privée, nous ne saurions trop insister sur le danger de l'adoption exclusive de l'exploitabilité commerciale. Sans revenir sur les considérations développées à ce sujet dans le paragraphe IV ci-dessus, observons que, autant et plus encore peut-être que la possession de tout autre domaine territorial, la propriété d'une forêt implique des devoirs envers les descendants comme, dans une certaine mesure, envers la société. Car il n'en va pas de la propriété forestière, qu'il faut des siècles pour constituer et mettre en plein rapport, comme d'une maison, d'une part d'intérêt dans une affaire industrielle, d'une carrière de pierre à bâtir, ou d'un *placer* en Californie ou en Australie. La forêt que nous avons reçue de nos ancêtres ou que nous avons acquise avec le fruit de notre travail ou de notre épargne, nous la devons intacte et, s'il se peut, améliorée à nos enfants et descendants. L'on doit se considérer comme l'usufruitier d'une telle propriété, nanti seulement du *jus utendi*, plutôt que comme un propriétaire irresponsable, qui ne se refuse pas le *jus abutendi*. Que si d'inéluctables nécessités obligent à réduire dans certaines proportions le capital que représente la forêt possédée, encore faut-il le faire dans une juste mesure et de manière à ce que *réduire* ne devienne pas synonyme de *détruire*. La destruction d'une forêt, sauf le cas relativement rare où elle est remplacée, sur le sol qui la portait, par une exploitation agricole plus productive, est préjudiciable non seulement aux héritiers et descendants du propriétaire insouciant qui l'a laissée s'épuiser, mais encore à la société elle-même : elle prive celle-ci d'un élément de la richesse publique dont le propriétaire forestier avait reçu providentiellement le dépôt.

C. DE KIRWAN.

www.ingramcontent.com/pod-product-compliance
Ingram Content Group UK Ltd.
Pitfield, Milton Keynes, MK11 3LW, UK
UKHW021948260726
13994UKWH00004B/1618